Les volcans rouges

Coulée de lave cordée

Coulée de lave pahoehoe

Coulée de lave aa

Bombe volcanique fuselée

Lac de lave du Nyiragongo

Coupe d'un volcan rouge

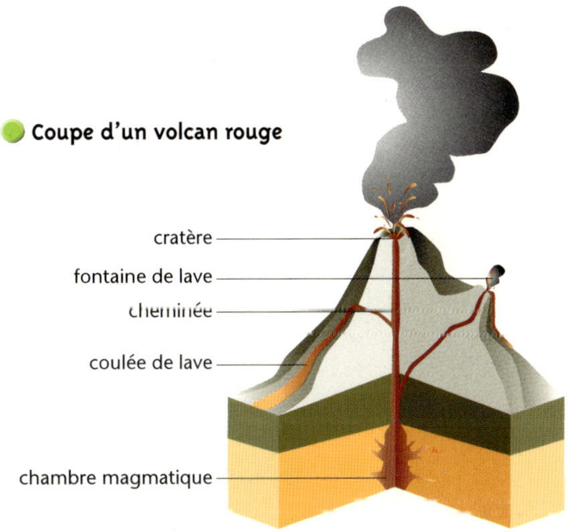

Fontaine de lave

Chaussée des Géants en Irlande

Coulées de lave dans la mer à la Réunion

Les volcans gris

Dans les zones de compression entre deux plaques tectoniques, le magma, mélange de laves acides et pâteuses et de grandes quantités de gaz, remonte de la chambre magmatique. Le **volcanisme explosif**, moins répandu que le volcanisme effusif, se caractérise par de terribles éruptions souvent meurtrières. Les volcans crachent d'impressionnants **panaches de cendres grises** et de blocs sous de très fortes pressions. On parle alors de « volcans gris ».

Éditions Lito

Une nuée ardente

Une nuée ardente est un jet latéral de **gaz mélangé de cendres** et de blocs incandescents. Elle dévale le flanc du volcan à très grande vitesse, balayant tout sur son passage. Aucune trace de vie ne subsiste. C'est elle qui fait des volcans gris les plus dangereux qui existent : en 1902, l'éruption de la montagne Pelée à la Martinique a fait 30 000 morts. Plus récemment, il y a eu l'éruption du mont Saint- Helens ou encore celle de l'Unzen.

Éditions Lito

L'éruption du Galungung

Cette éruption illustre bien la notion de « volcan gris ». En effet, de très violentes explosions sont déclenchées par des gaz sous pression contenus dans une lave visqueuse. Pulvérisée, elle forme de nombreux **nuages de cendres** qui peuvent s'élever jusqu'à plus de 40 km. Lors de l'éruption du Galungung, les quatre réacteurs d'un Boeing 747 ont été obstrués par les cendres. Le pilote réussit néanmoins à poser son appareil.

Éditions Lito

Les lahars

Après l'éruption d'un volcan gris, de fines cendres recouvrent toute une région parfois sur une épaisseur de plusieurs mètres. Si d'importantes quantités d'eau (fonte des neiges, orages violents, vidange naturelle de barrage…) se déversent, le mélange forme une boue plus ou moins épaisse qui dévale les pentes et détruit tout sur son passage. Des villes ont ainsi été rayées de la carte. Ces **coulées de boue** ou lahars représentent un grand danger pour les populations, même à une dizaine de kilomètres du volcan. Une fois séchées, elles deviennent dures comme du béton. La culture sur d'anciens lahars est souvent impossible.

Éditions Lito

La montagne Pelée et Saint-Pierre (Martinique)

Le 8 mai 1902, une violente éruption cataclysmique s'est abattue sur la ville à 8 h 02. Saint-Pierre, alors appelé le « **Petit Paris des Antilles** », a été totalement détruit, ses 30 000 habitants sont morts en quelques minutes et les bateaux ont coulé dans la baie. Il n'y a eu qu'un seul survivant certain, le dénommé Louis Auguste Cyparis, qui était enfermé dans la petite prison de la ville. Il fut gravement brûlé mais il survécut. Malgré les nombreuses manifestations annonciatrices de l'éruption du volcan, la population n'avait pas été évacuée, des élections devant avoir lieu quelques jours plus tard. À la décharge des autorités, nulle part ailleurs on n'avait vécu une telle éruption avec nuée ardente.

Éditions Lito

Des paysages couverts de cendres

Les volcans gris projettent de grandes quantités de cendres qui recouvrent le sol. Si la couche est de quelques centimètres, elle endommage la végétation. Si elle est plus épaisse, elle transforme la région en désert pour quelques années, car elle peut véritablement empoisonner le sol. Il faut attendre que la pluie nettoie la terre. À proximité de l'éruption, les cendres forment un **nuage épais** qui obscurcit longtemps le ciel.

Éditions Lito

Les forêts du mont Saint-Helens

Le 18 mai 1980, une violente éruption a ébranlé le mont Saint-Helens. Une **nuée ardente** a dévalé le flanc du volcan, balayant tout sur son passage. Ce que l'on prendrait pour des fétus de paille est en fait ce qui reste de la majestueuse forêt de conifères arrachée sur une surface de plus de 600 Km^2. On peut facilement deviner le sens du souffle de la nuée car tous les arbres sont pareillement orientés.

Éditions Lito

Des bombes en croûte de pain

Quand la lave est visqueuse et que la pression des gaz est très importante, de violentes explosions projettent des **blocs de lave à l'état presque solide**. Ces masses retombent lourdement à plusieurs centaines de mètres. Elles ont un aspect qui rappelle la croûte plus ou moins fendillée d'un pain un peu brûlé : ce sont des bombes dites en croûte de pain. Certains de ces blocs peuvent dépasser un mètre cube et peser plusieurs tonnes.

Éditions Lito

Les volcans gris

Éruption du Galungung

Cachot de Cyparis à Saint-Pierre

Éruption de la montagne Pelée en 1902

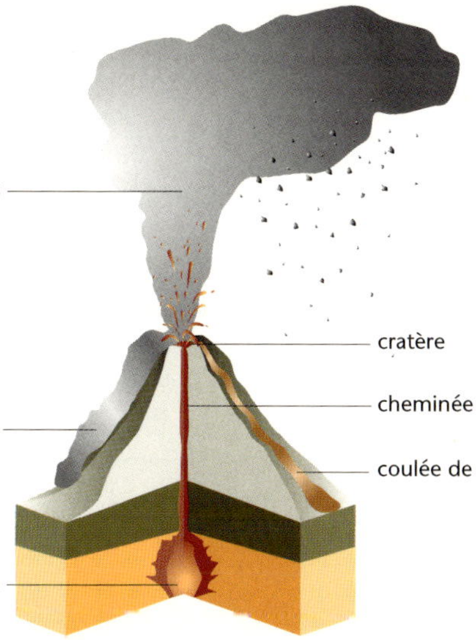

Coupe d'un volcan gris

Coulée de boue près du Pinatubo

Forêts du mont Saint-Helens (États-Unis)

Village couvert de cendres près du Pinatubo

Nuée ardente sur le volcan Unzen

Bombe en croûte de pain

Qu'est-ce qu'un volcanologue ?

C'est un scientifique qui étudie les volcans sur le terrain et en laboratoire. Il est protégé par un habit spécial recouvert d'aluminium, qui réfléchit au maximum la chaleur. Il porte un heaume qui le protège de la chute de bombes volcaniques. Un verre spécial couvert de fines feuilles d'or protège ses yeux. Il utilise de nombreux instruments qui le renseignent sur les caractéristiques du volcan. Grâce à une longue canne métallique, il prélève des échantillons de lave.

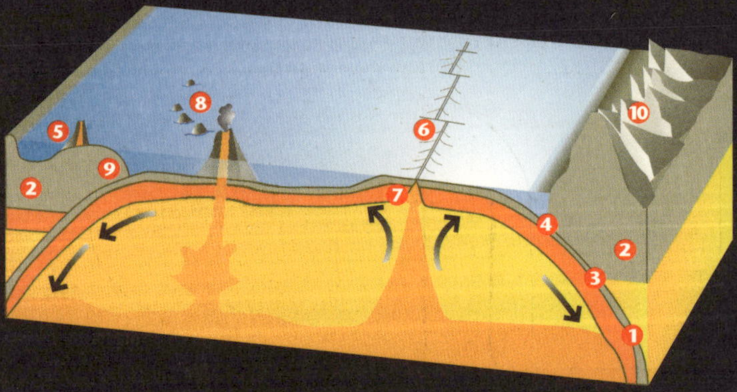

Coupe de la croûte terrestre

1. plaque océanique
2. plaque continentale
3. zone de rencontre de deux plaques
4. fosse océanique
5. volcanisme de subduction
6. dorsale océanique
7. zone d'écartement de deux plaques
8. volcanisme de point chaud
9. arc insulaire
10. cordillère des Andes

La Terre, une planète vivante

La Terre semble être la seule planète à cinq couches. On rencontre la croûte terrestre (solide), le manteau supérieur (visqueux), le manteau inférieur (très visqueux), le noyau externe (liquide) et le noyau interne (solide). La croûte terrestre est fractionnée en sept grands ensembles, les plaques tectoniques, accompagnés d'un plus grand nombre de petites. Ces plaques s'écartent ou se rapprochent les unes des autres. Ce mouvement est à l'origine des phénomènes volcaniques. On trouve des volcans principalement à la limite des plaques, un peu en arrière ou parfois en plein milieu.

Coupe de la Terre

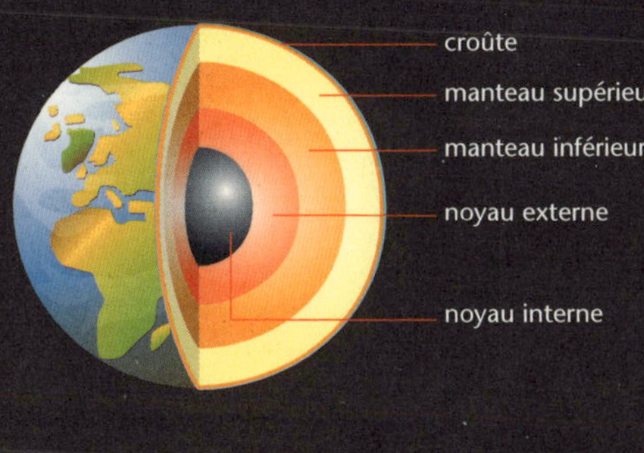

Où voir des volcans en France ?

- Chaîne des Puys
- Mont-Dore
- Cézallier
- Cantal
- Aubrac
- Velay
- Vivarais
- Coiron
- Escandorgue
- Bas Languedoc

Des paysages nés du volcanisme

Éruption sous-glaciaire en Islande

Source chaude à Yellowstone

Volcan de boue au Japon

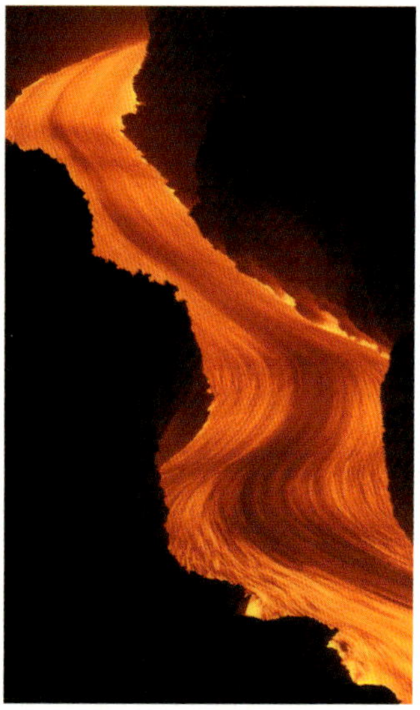

Coulée de lave sur l'Etna

La chaîne des Puys

Mammoth Hot Spring à Yellowstone

Castle Geyser à Yellowstone

La grande fissure de Lakagigar

La ride médio-atlantique en Islande

Des paysages nés du volcanisme

La chaîne des Puys

La chaîne des Puys, près de Clermont-Ferrand, présente du nord au sud une centaine de volcans. C'est une **chaîne récente** (moins de 10 000 ans) donc peu attaquée par l'érosion. On y rencontre des volcans effusifs, cônes de scories rouges ou noires d'où s'échappent de belles coulées de laves sombres et des volcans explosifs aux pentes plus raides formées de roches très claires.

Éditions Lito

Les coulées de lave

La lave s'écoule depuis un cratère ou une fissure. Comme un véritable **fleuve de feu**, elle descend le flanc du volcan, ici l'Etna, suivant la plus grande pente. Elle a parfois un parcours souterrain dans un véritable tunnel naturel pour réapparaître plus bas à l'air libre. Tant que la coulée est alimentée, elle avance à une vitesse qui varie de quelques kilomètres par jour à quelques kilomètres par heure.

Éditions Lito

La grande fissure de Lakagigar

La croûte terrestre est zébrée de grandes fissures. C'est à travers ces dernières que, régulièrement, de la lave monte et s'épanche à la surface lors de gigantesques et spectaculaires éruptions. La fissure de Lakagigar, en Islande, est l'une des plus grandes **fissures volcaniques** du monde (40 km de long). Elle est formée d'une longue série de volcans alignés.

Éditions Lito

Les sources chaudes

À partir d'une centaine de mètres, si l'on s'enfonce dans le sol, la température des roches augmente : c'est le gradient géothermique. En moyenne dans le monde, il est de 3 °C pour 100 m ; dans les régions volcaniques, il peut atteindre 10 °C voire 20 °C. L'eau qui s'infiltre dans le sol va se réchauffer au contact des roches. Cette **eau surchauffée** devient plus légère et remonte à la surface pour s'écouler sous la forme de source chaude.

Éditions Lito

Les volcans de boue

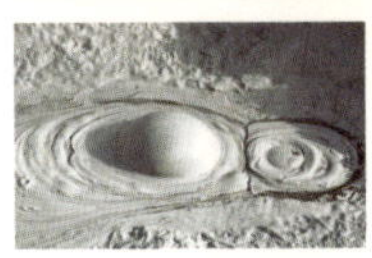

Les **gaz toxiques** rejetés par les volcans, mélangés à la vapeur d'eau, forment des acides qui attaquent les roches et les transforment en argile. Additionnée d'eau, elle forme une boue grise ou jaunâtre qui bouillonne parmi des jets de vapeur. Ces zones sont des solfatares. Ces volcans de boue bouillonnent dans d'énormes marmites naturelles ou dans de petites cavités.

Éditions Lito

Les cascades pétrifiées

Les sources d'eau chaude chargées en sels minéraux s'épanchent à la surface du sol à une température voisine de 70 °C. En s'écoulant, elles se refroidissent et les **sels minéraux dissous** se déposent sous la forme de cascades pétrifiées d'un blanc éclatant. Si, à la suite de la variation de l'alimentation en eau, la cascade pétrifiée n'est plus mouillée, elle devient grisâtre et tombe alors en poussière.

Éditions Lito

L'Islande

Ce pays européen perdu au milieu de l'Atlantique Nord est situé à cheval sur la ride médio-atlantique qui sépare la plaque européenne et la plaque nord-américaine. Ce pays est composé à plus de **90 % de roches volcaniques**. Il présente statistiquement une éruption tous les cinq ans et ce depuis plus de quatre siècles. La rigueur du climat entraîne une végétation très modeste. Les édifices volcaniques sont très bien conservés, accessibles et facilement visibles. Une partie du pays, recouverte de grands glaciers, permet d'assister à de rares éruptions sous-glaciaires. C'est un véritable paradis pour les volcanologues.

Éditions Lito

Les geysers

Dans quelques rares régions volcaniques, l'eau infiltrée s'accumule dans des puits naturels. Là, elle est chauffée par le flux thermique d'origine magmatique. Son point d'ébullition est voisin de 125 °C. Une première bulle se forme, elle augmente de volume et repousse au-dessus d'elle les eaux supérieures plus froides, qui vont se mettre à bouillir. Alors, brusquement, l'eau se vaporise dans le puits. La vapeur d'eau et l'eau restante sont violemment expulsées par le conduit. Puis tout redevient calme avant une nouvelle éruption. Le terme de geyser vient de l'islandais *geysir*, qui signifie « **jaillir** ». Chaque geyser a son propre rythme : de quelques minutes à plusieurs jours.

Éditions Lito

Diamant brut dans sa gangue de kimberlite

Diamant brut

Jeune homme retrouvé à Pompéi

Pompéi et le Vésuve

Objets retrouvés à Saint-Pierre

Exploitation du soufre en Indonésie

Saint-Pierre après l'éruption

Corps retrouvés à Pompéi

Station géothermique en Islande

Pieds de vigne à Lanzarote